ÉTUDES

DES

GITES MINÉRAUX

DE LA FRANCE

PUBLIÉES SOUS LES AUSPICES DE M. LE MINISTRE DES TRAVAUX PUBLICS
PAR LE SERVICE DES TOPOGRAPHIES SOUTERRAINES

BASSIN HOUILLER ET PERMIEN

D'AUTUN ET D'ÉPINAC

FASCICULE II

FLORE FOSSILE

PREMIÈRE PARTIE

PAR

R. ZEILLER

INGÉNIEUR EN CHEF DES MINES

ATLAS

DESSINS DE CH. CUISIN

EN VENTE CHEZ

BAUDRY ET Cⁱᵉ, ÉDITEURS

DU SERVICE DE LA CARTE GÉOLOGIQUE DÉTAILLÉE DE LA FRANCE
45, rue des Saints-Pères, Paris

1890

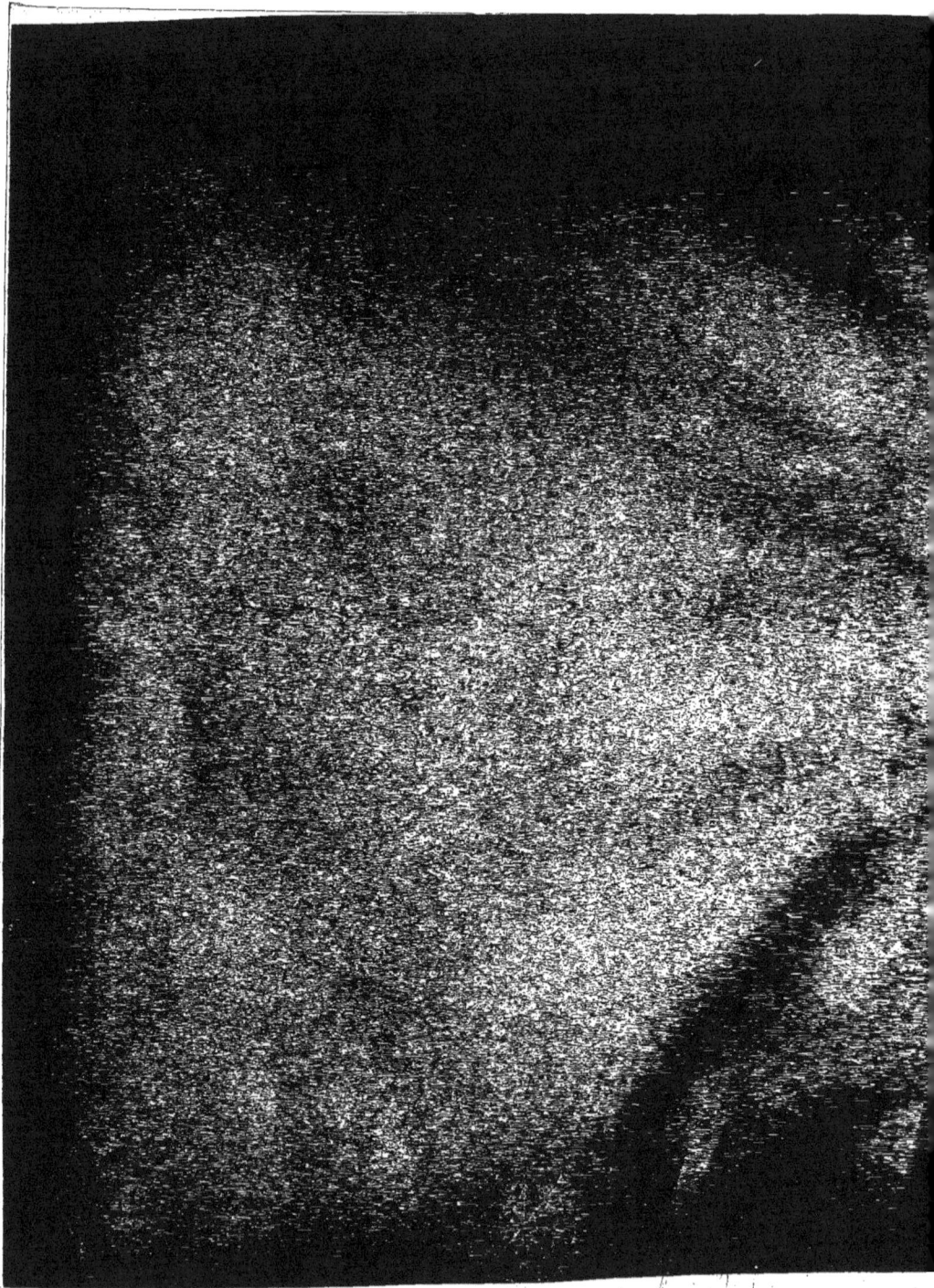

BASSIN HOUILLER ET PERMIEN
D'AUTUN ET D'ÉPINAC

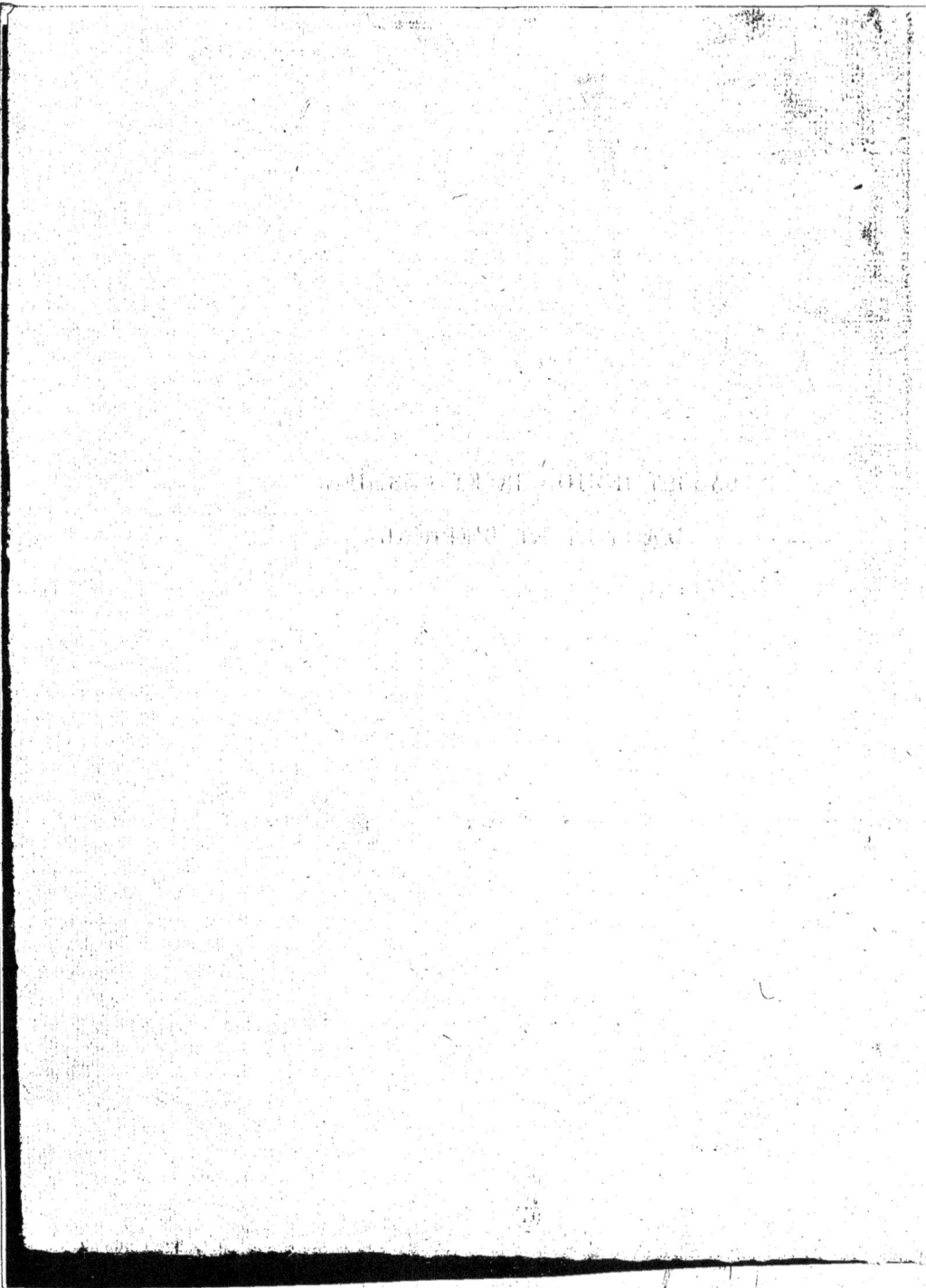

MINISTÈRE DES TRAVAUX PUBLICS

ÉTUDES

DES

GITES MINÉRAUX

DE LA FRANCE

PUBLIÉES SOUS LES AUSPICES DE M. LE MINISTRE DES TRAVAUX PUBLICS
PAR LE SERVICE DES TOPOGRAPHIES SOUTERRAINES

BASSIN HOUILLER ET PERMIEN

D'AUTUN ET D'ÉPINAC

FASCICULE II

FLORE FOSSILE

PREMIÈRE PARTIE

PAR

R. ZEILLER

INGÉNIEUR EN CHEF DES MINES

ATLAS

DESSINS DE CH. CUISIN

PARIS

ANCIENNE MAISON QUANTIN

LIBRAIRIES-IMPRIMERIES RÉUNIES

MAY & MOTTEROZ, DIRECTEURS

7, rue Saint-Benoît

1890

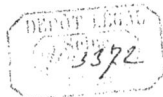

PLANCHE I

1

PLANCHE I

Imp. Lemercier &C.ie,Paris

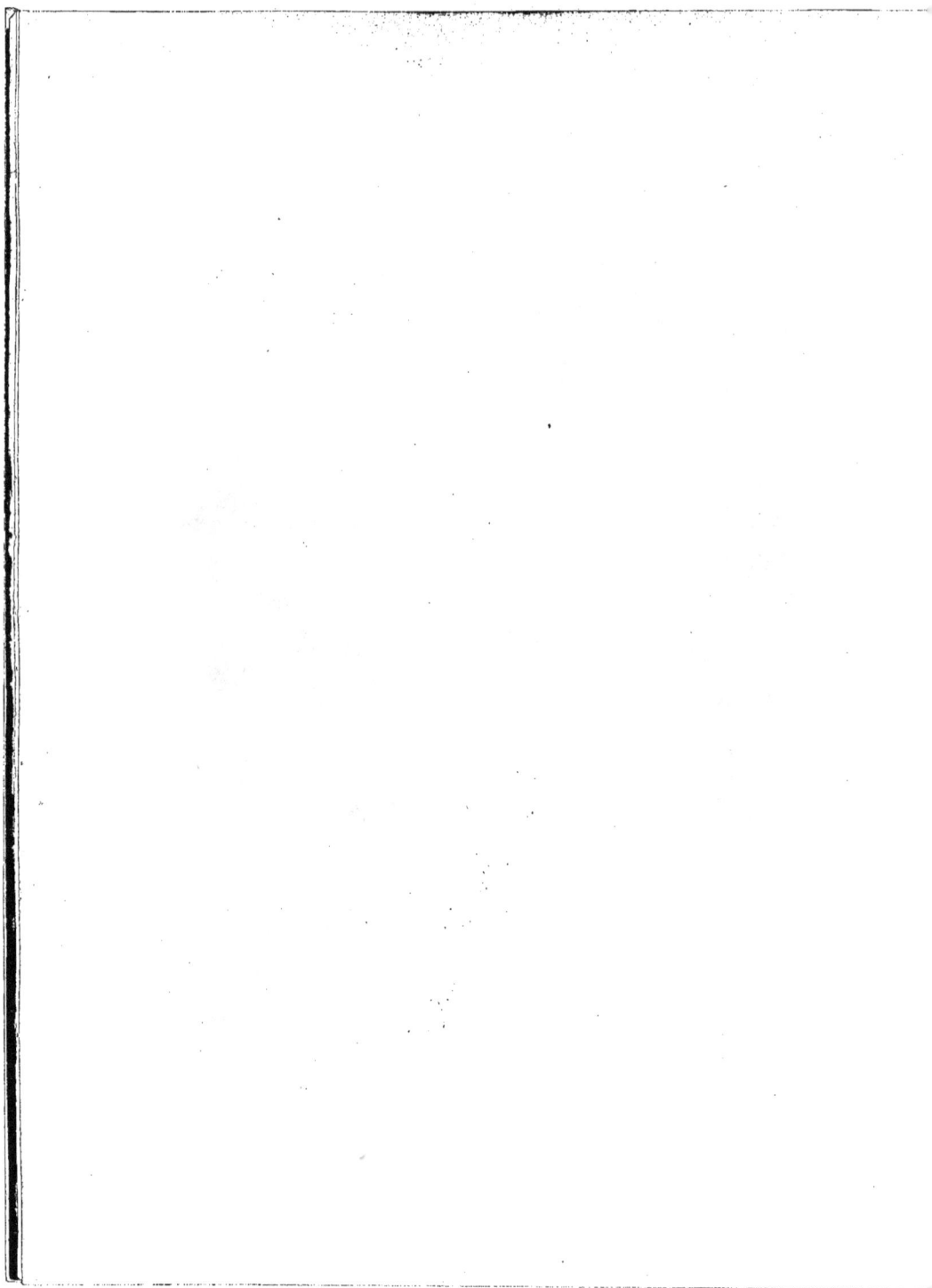

PLANCHE II

PLANCHE 11

Imp. Lemercier & Cie Paris

PLANCHE III

PLANCHE III

Imp Lemercier &Cie, Paris

PLANCHE I,V

PLANCHE IV

EXPLICATION DES FIGURES

Fig. 1. — **Callipteris Pellati.** n. sp. — Portion d'une grande plaque offrant l'empreinte d'un fragment considérable de fronde.
Permien, étage supérieur : Millery (Collection Pellat).

Fig. 1 A. — Portion de penne du même échantillon, grossie deux fois.

1

1A

Dessiné d'ap.nat. et lith.par C.Cuisin.

Imp. Lemercier & C.ie, Paris

PLANCHE V

2

PLANCHE V

1

2

3

3.A.

1A

PLANCHE VI

PLANCHE VI

Imp.Lemercier.&C.ⁱᵉ Paris

PLANCHE VII

PLANCHE VII

1

2

2 A

3

3 A

Dessiné d'ap. nat. et lith par C. Cuisin.

Imp. Lemercier & Cie. Paris

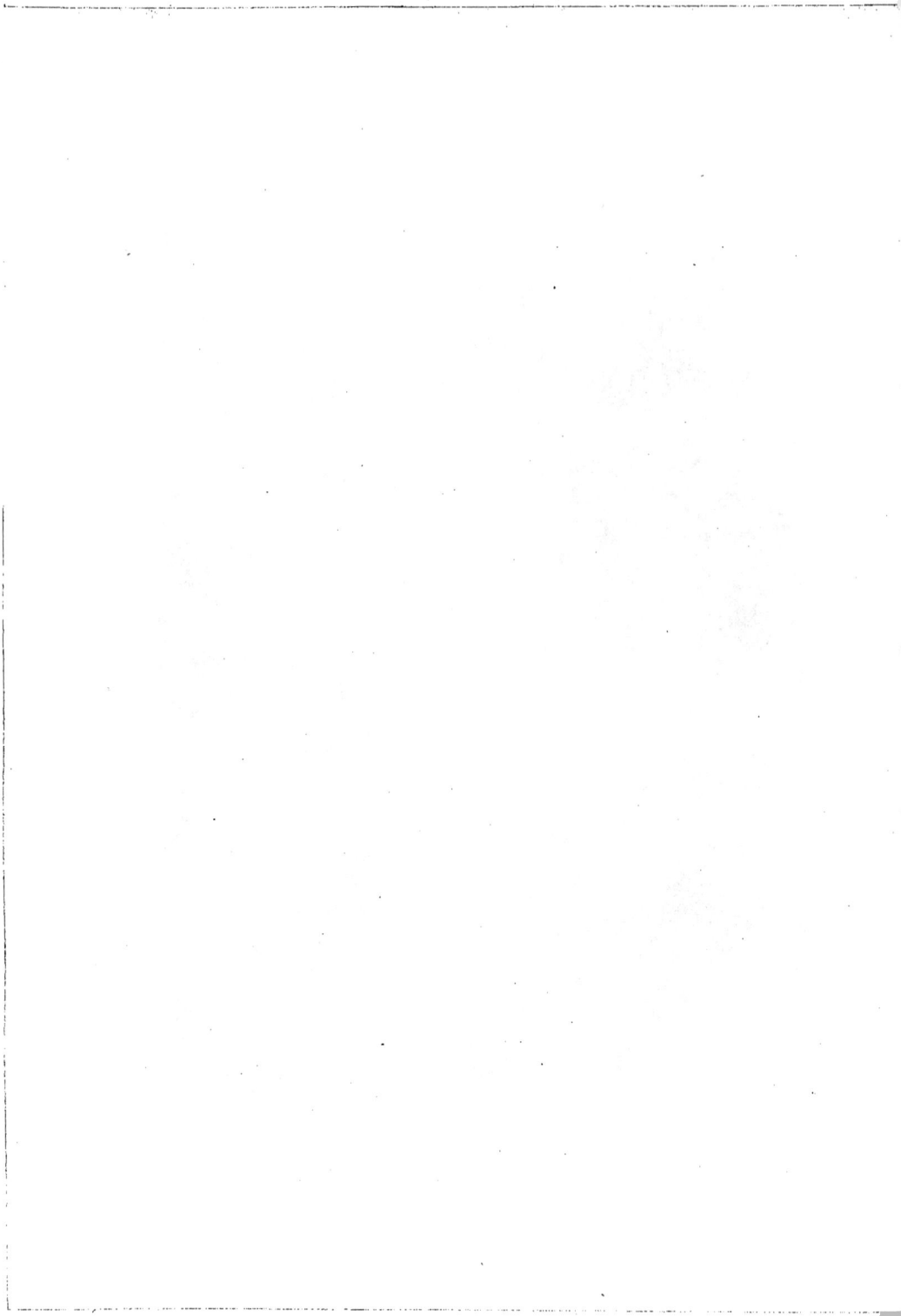

PLANCHE VIII

PLANCHE VIII

EXPLICATION DES FIGURES

Fig. 1. — **Pecopteris (Asterotheca) arborescens.** Schlotheim (sp.). — Portion d'une penne primaire.

Permien, étage inférieur : Igornay (Collections du Muséum de Paris).

Fig. 2. — **Pecopteris (Asterotheca) cyathea.** Schlotheim (sp.). — Portion d'une penne primaire.

Permien, étage moyen : le Poisot (Coll. Roche).

Fig. 3. — **Pecopteris (Asterotheca) cyathea.** Schlotheim (sp.). — Fragment d'une penne fertile, vue en dessous.

Permien, étage inférieur : Igornay (Coll. Roche).

Fig. 3 A. — Pinnules du même échantillon, grossies deux fois.

Fig. 4. — **Pecopteris (Asterotheca) cyathea.** Schlotheim (sp.). — Fragment d'une penne fertile.

Permien, étage inférieur : Igornay (Coll. Roche).

Fig. 4 A. — Pinnules du même échantillon, grossies deux fois.

Fig. 5. — **Pecopteris (Asterotheca) Candollei.** Brongniart. — Fragment d'une penne fertile, vue en dessous.

Permien, étage inférieur : Igornay (Coll. Roche).

Fig. 5 A. — Pinnules du même échantillon, grossies deux fois.

Fig. 6. — **Pecopteris (Asterotheca) Candollei.** Brongniart. — Portion de penne, vue en dessus.

Houiller, étage supérieur : Cortecloux (Coll. du Muséum de Paris).

Fig. 7. — **Pecopteris (Asterotheca) Platoni.** Grand'Eury. — Portion supérieure d'une penne fertile, vue en dessous.

Permien, étage inférieur : Igornay (Collection Roche).

Fig. 7 A. — Pinnules inférieures du même échantillon, grossies deux fois.

Fig. 8. — **Pecopteris (Scolecopteris) polymorpha.** Brongniart. — Fragment d'une penne primaire.

Permien, étage supérieur : Millery (Coll. du Muséum de Paris).

Fig. 8 A. — Pinnule du même échantillon, grossie deux fois et demie.

Fig. 9 et 10. — **Pecopteris feminæformis.** Schlotheim (sp.). — Fragments de penne.

Permien, étage inférieur : Igornay (Coll. Roche).

Fig. 10 A. — Pinnules de l'échantillon Fig. 10, grossies deux fois.

Fig. 11. — **Pecopteris (Ptychocarpus) unita.** Brongniart. — Fragment de penne.

Permien, étage inférieur : Igornay (Coll. Roche).

Fig. 11. A. — Pinnules du même échantillon, grossies deux fois.

Fig. 12. — **Callipteridium pteridium.** Schlotheim (sp.). — Fragment de penne.

Permien, étage moyen : Cordesse (Coll. Roche).

Fig. 12 A. — Pinnule du même échantillon, grossie trois fois.

Fig. 13. — **Callipteridium pteridium.** Schlotheim (sp.). — Fragment d'une penne primaire.

Houiller, étage supérieur : Cortecloux (Coll. du Muséum de Paris).

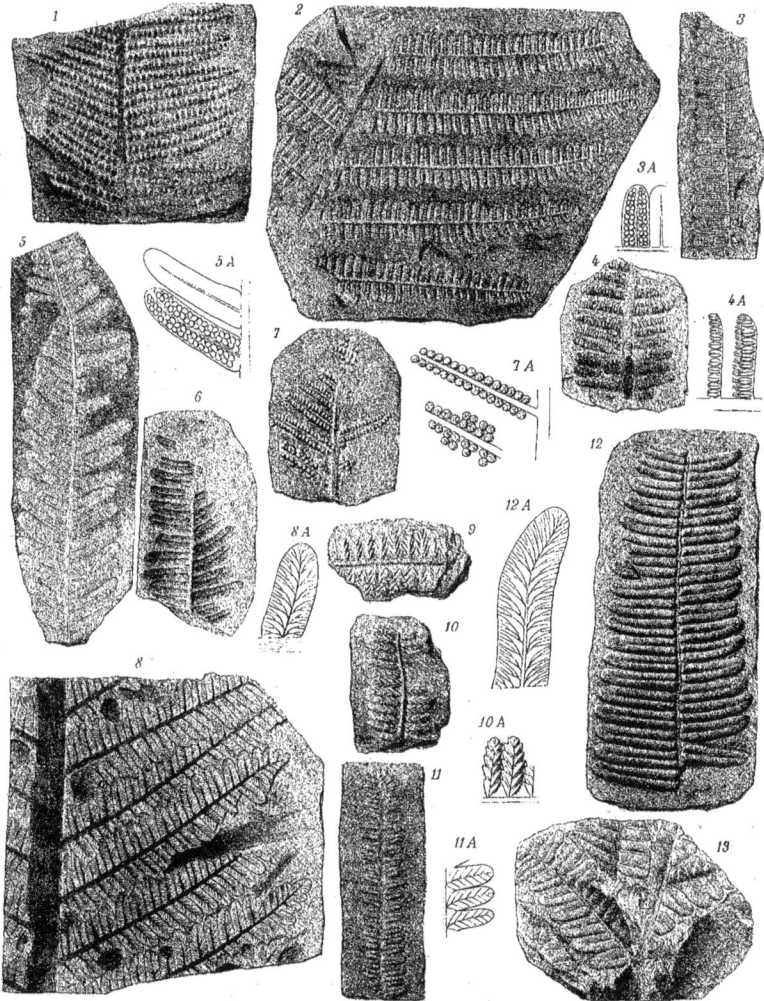

Dessiné d'ap.nat.et lith.par C.Cuisin.

Imp.Lemercier & Cie Paris.

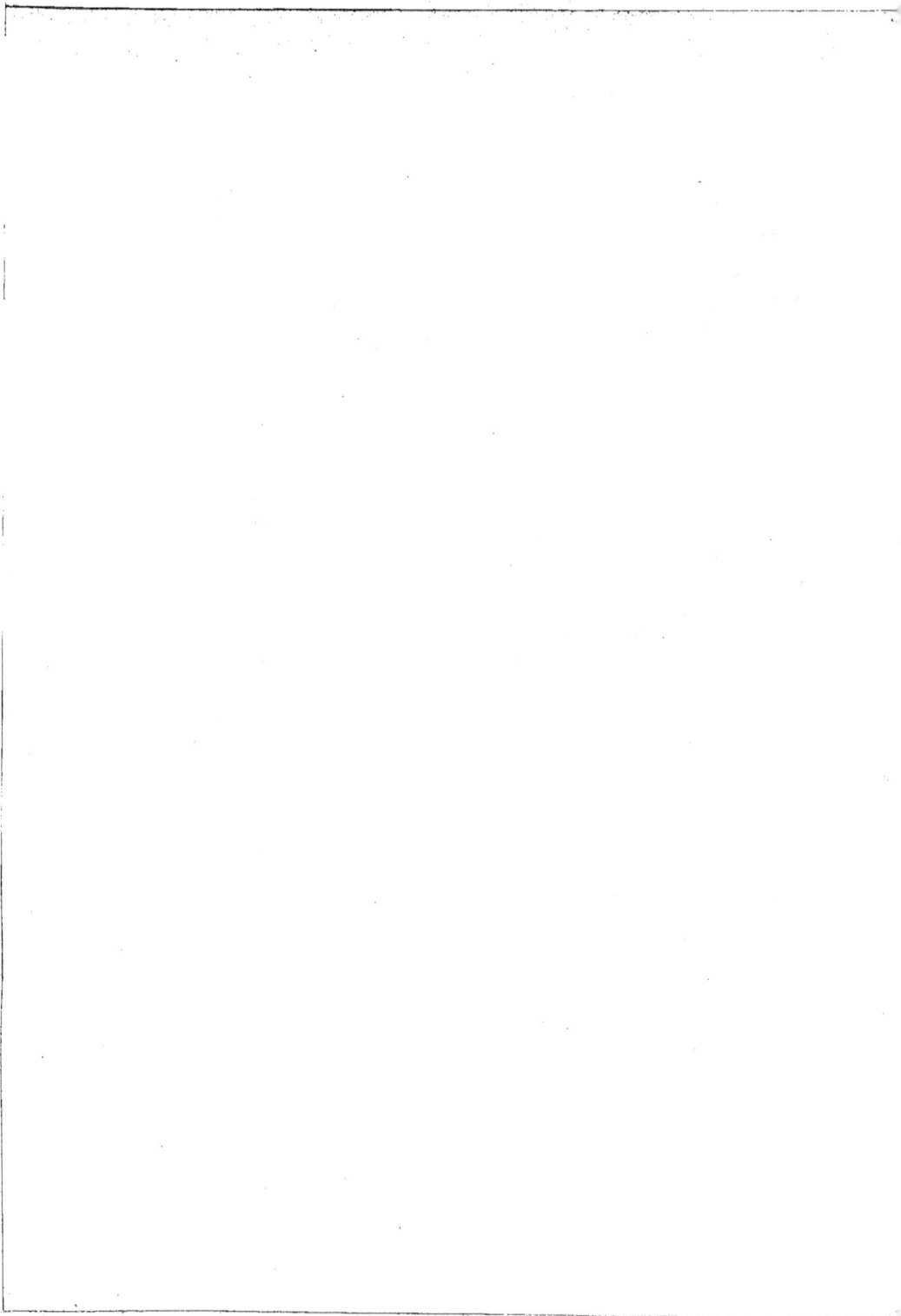

PLANCHE IX

PLANCHE IX

PL. IX

Dessiné d'ap. nat et lith par C.Cuisin.

Imp. Lemercier & Cie. Paris.

PLANCHE IX A

PLANCHE IX A

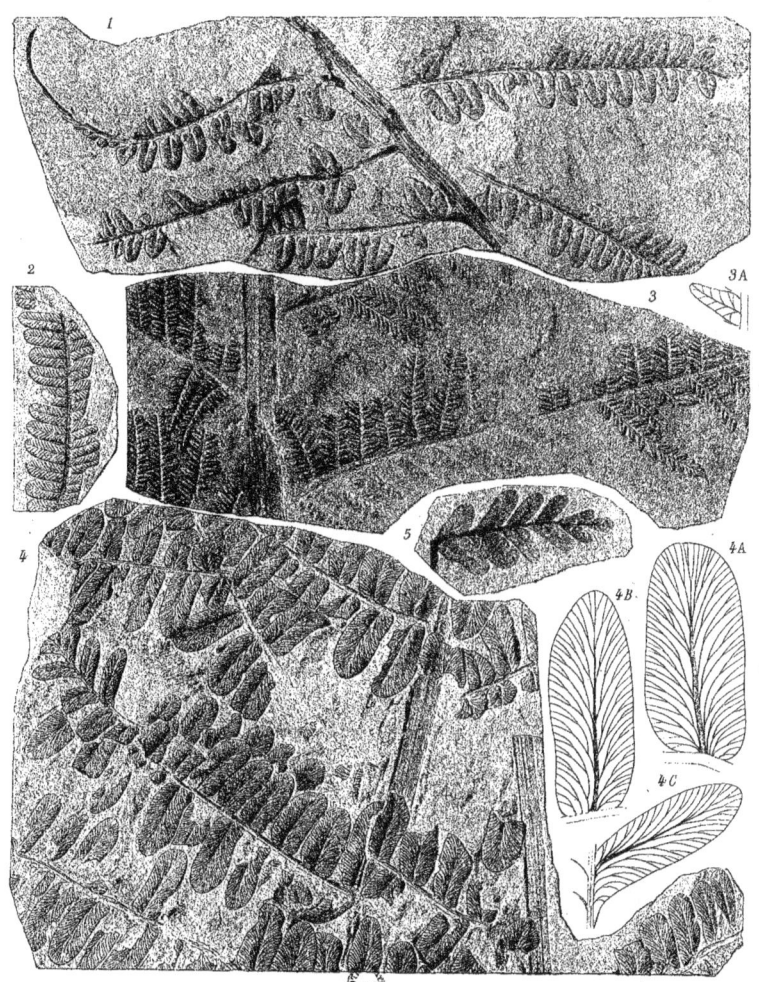

Pl. IX A.

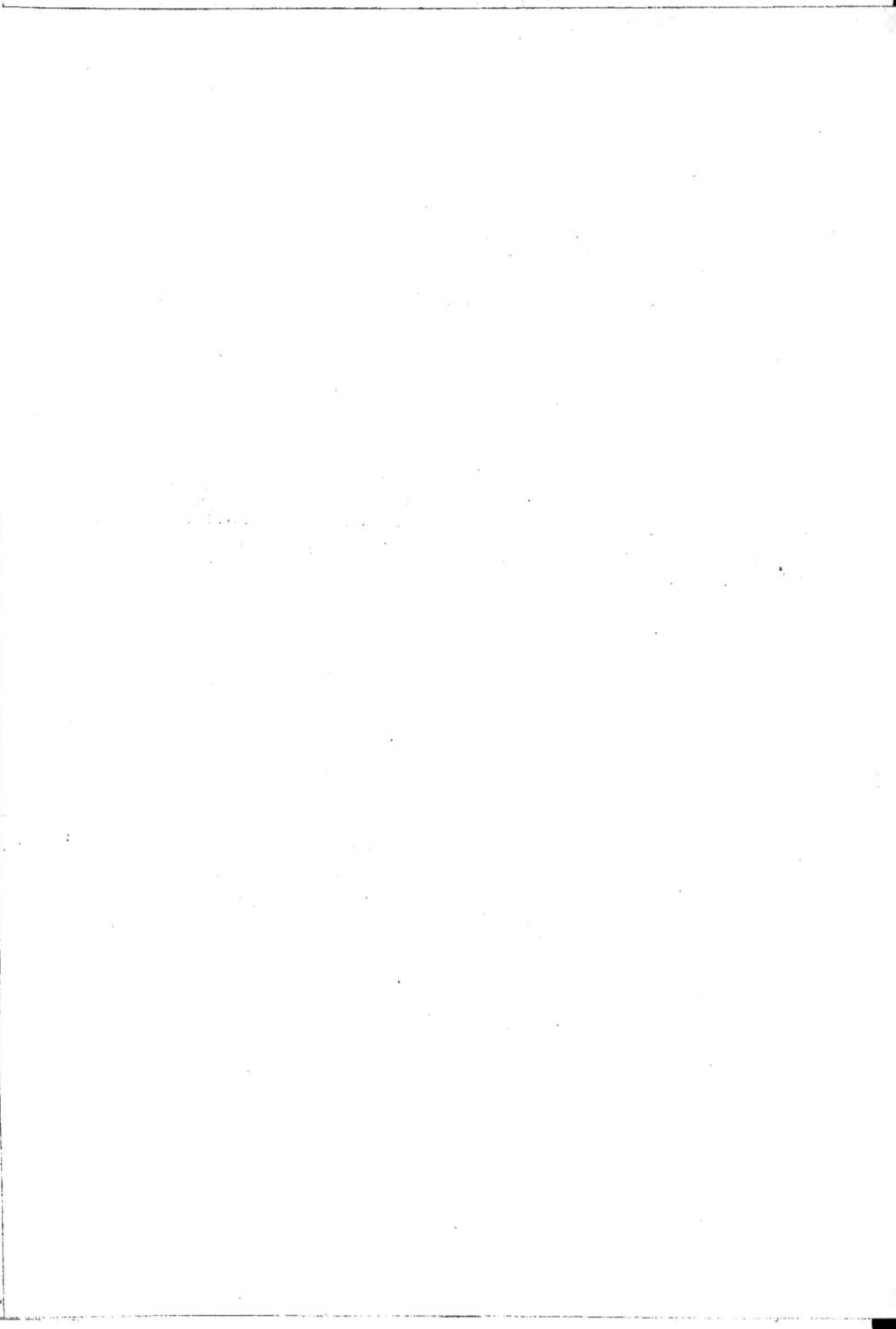

PLANCHE X

PLANCHE X

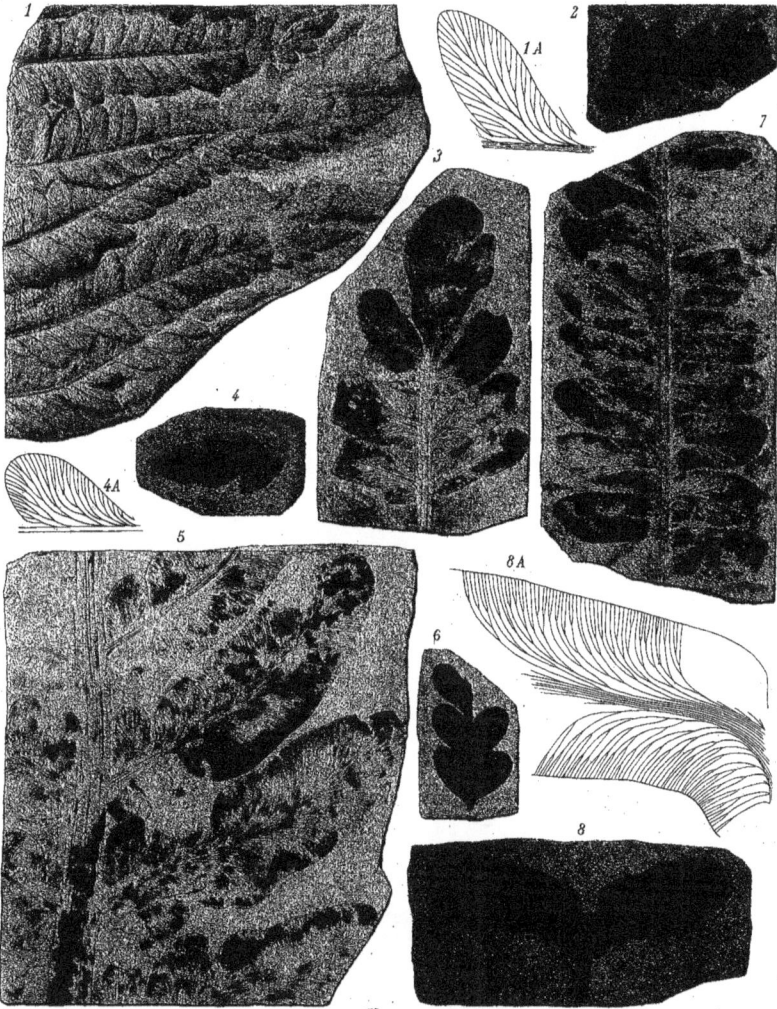

Dessiné d'ap.nat.et lith.par C.Cuisin.

Imp. Lemercier & Cie, Paris.

PLANCHE XI

PLANCHE XI

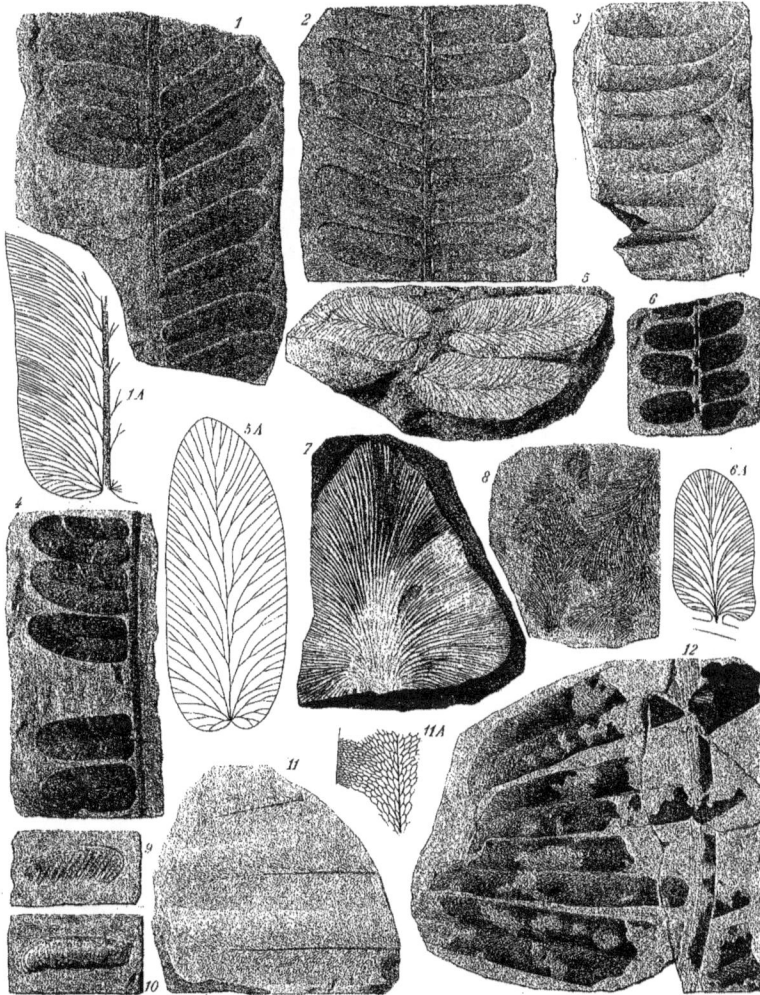

Imp. Lemercier & C.ie Paris

PLANCHE XII

PLANCHE XII

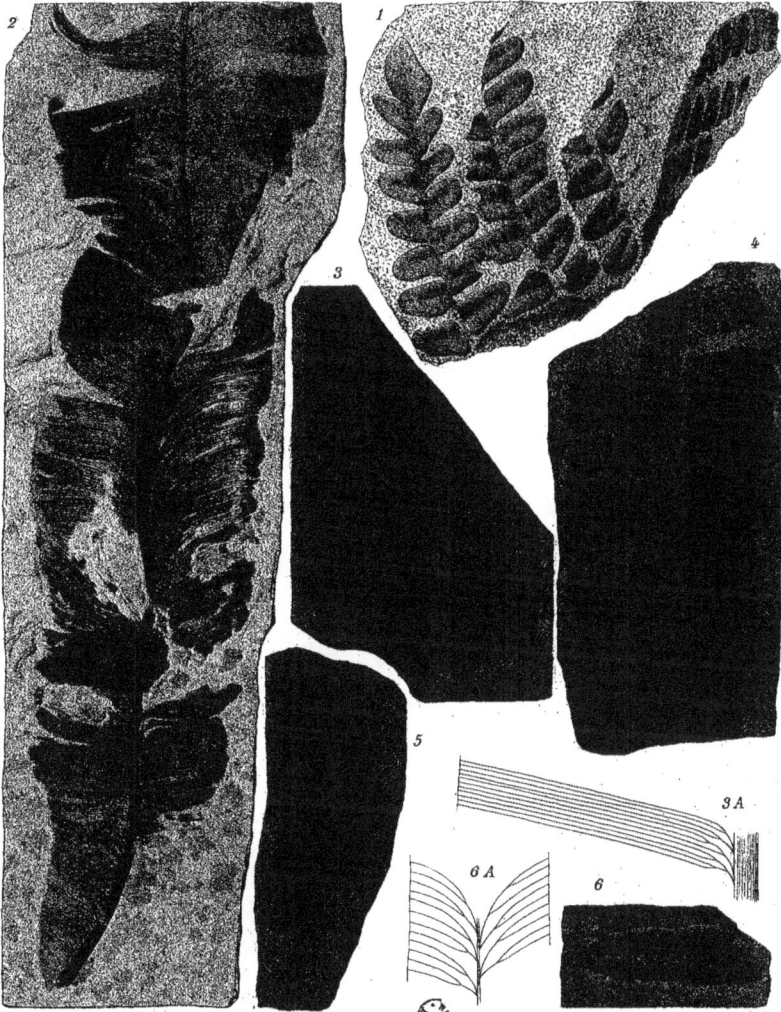

Dessiné d'ap.nat.et lith par C.Cuisin

Imp.Lemercier &C.ie,Paris.

PLANCHE XIII

PLANCHE XIII

EXPLICATION DES FIGURES

Fɪɢ. 1. — **Tæniopteris multinervis.** Wᴇɪss. — Portion supérieure d'une fronde.
Permien, étage inférieur : Igornay (Collection Roche).

Fɪɢ. 1 A et 1 B. — Portions du même échantillon, grossies deux fois et demie.

Fɪɢ. 2. — **Lesleya Delafondi.** n. sp. — Fragment de fronde.
Permien, étage inférieur : Igornay (Coll. Roche).

Fɪɢ. 2 A, 2 B, 2 C. — Portions du même échantillon, grossies deux fois et demie.

1A

1

1B

2C

2B

2

2A

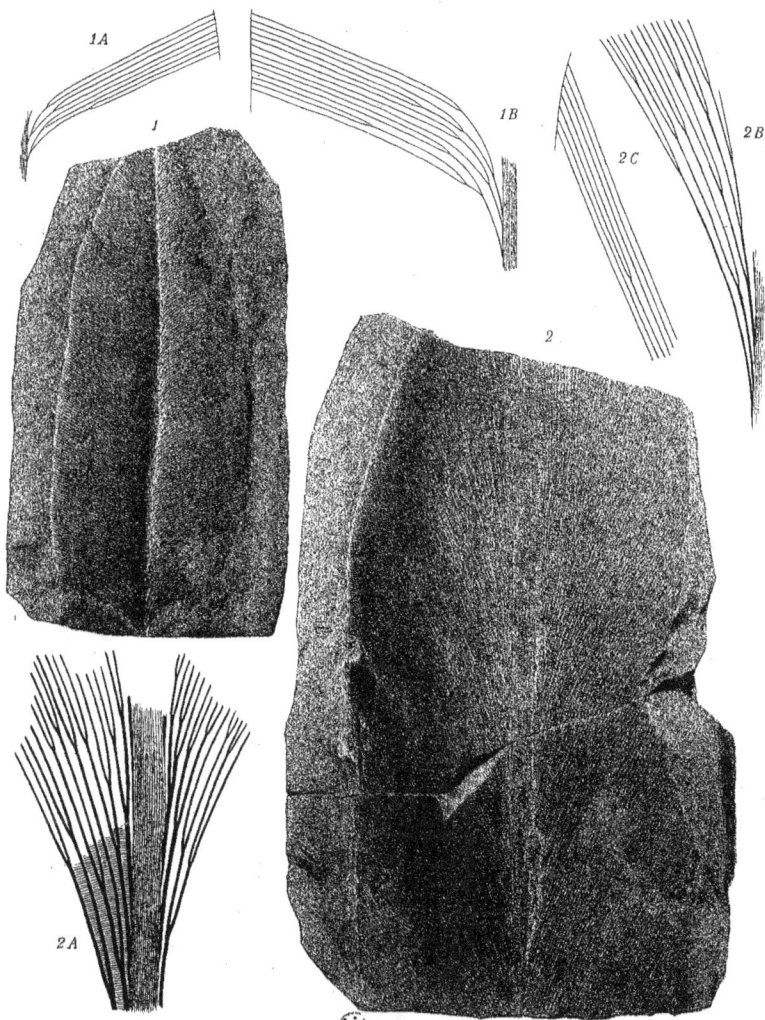

Dessiné d'ap. nat et lith par C. Cuisin

Imp. Lemercier & Cie, Paris.

PLANCHE XIV

PLANCHE XIV

EXPLICATION DES FIGURES

Fig. 1. — **Ptychopteris gigantea.** Fontaine et White. — Portion d'une grande plaque portant l'empreinte du cylindre ligneux dépouillé de son enveloppe de racines adventives.

Permien, étage moyen : Dracy-Saint-Loup (ou les Abots ?) (Collection Roche).

Fig. 2. — **Ptychopteris Grand'Euryi.** n. sp. — Portion d'un tronçon de cylindre ligneux dépouillé, sauf sur sa face postérieure, de son enveloppe de racines adventives.

Permien, étage moyen : Cordesse (Coll. Roche).

PL.XIV.

1   2

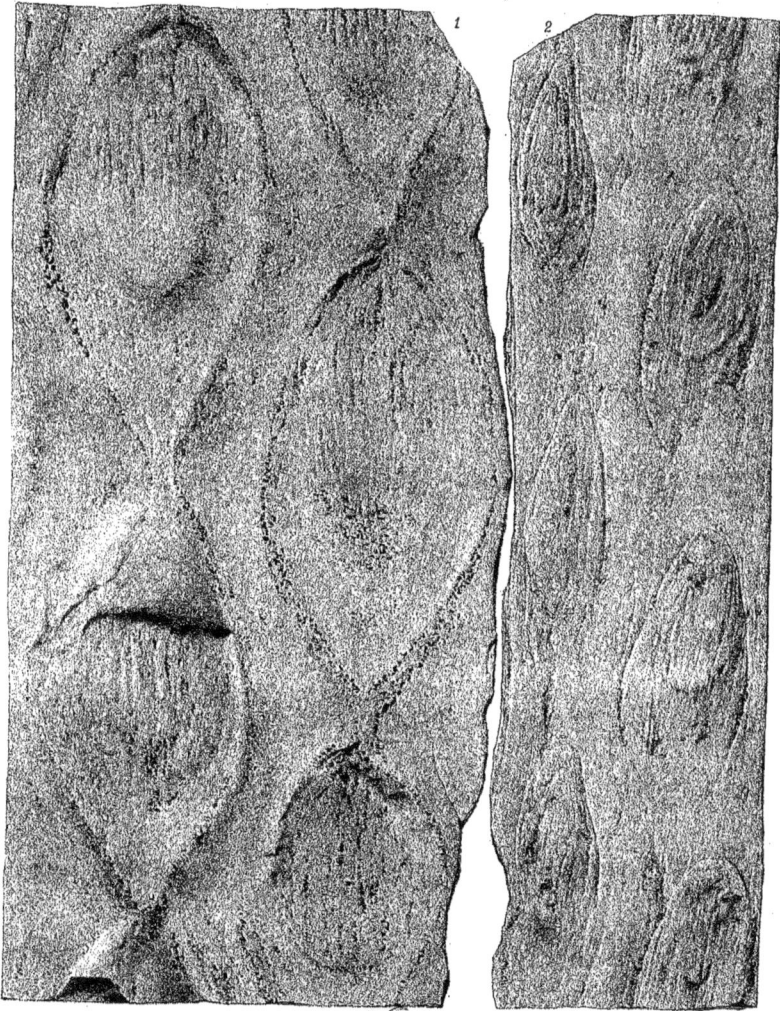

Dessiné d'ap.nat.et lith.par C.Cuisin.

Imp. Lemercier & C⁹: Paris.

PLANCHE XV

PLANCHE XV

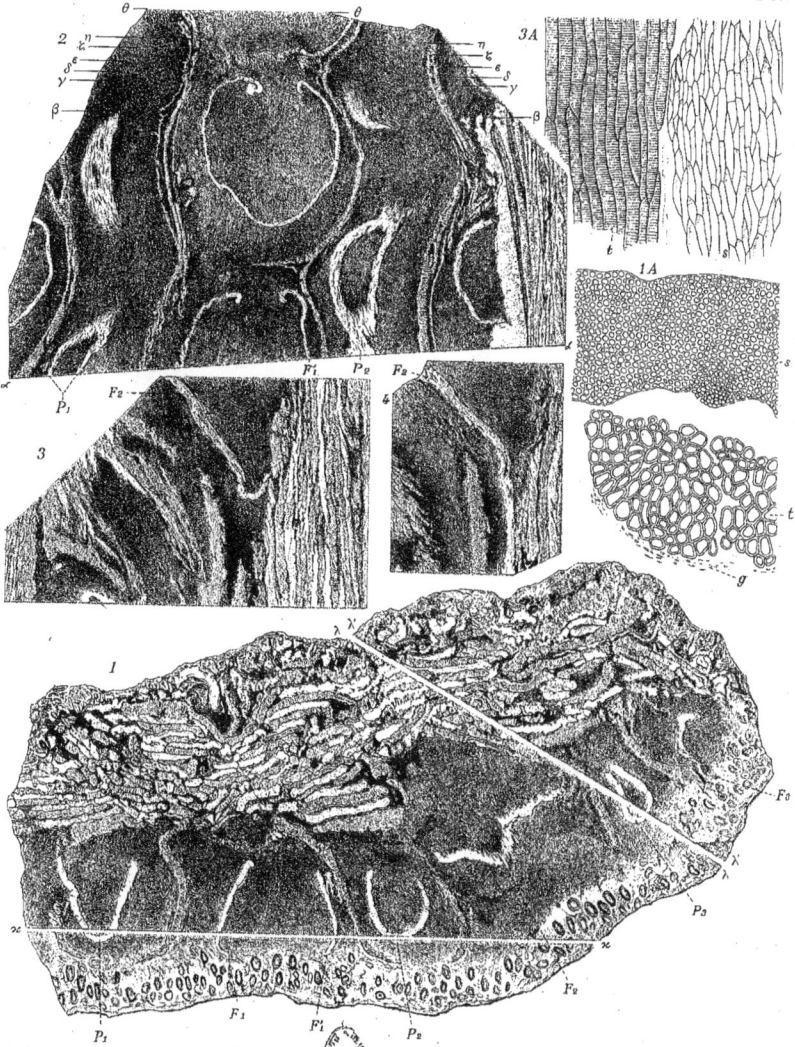

Dessiné d'ap. nat. et lith. par C. Cursin.

Imp. Lemercier & Cie, Paris

PLANCHE XVI

PLANCHE XVI

EXPLICATION DES FIGURES

Fɪɢ. 1 à 7. — **Psaronius infarctus.** Uɴɢᴇʀ, var. *hippocrepicus.* — Coupes successives du fragment de tige représenté Pl. XV, fig. 2, faites respectivement suivant les plans horizontaux β β, γ γ, δ δ, ε ε, ζ ζ, η η, θ θ, de cette même figure. Les lettres F se rapportent aux bandes foliaires, *f* aux branches qui par leur soudure mutuelle doivent constituer ces bandes, P aux stèles périphériques, et *p* aux branches de ces stèles qui vont s'anastomoser avec les stèles de la région centrale pour donner naissance aux bandes foliaires.

(Sur ces figures, les bandes vasculaires sont teintées en gris assez foncé, et les bandes de sclérenchyme en noir.)

Fɪɢ. 8. — **Psaronius infarctus.** Uɴɢᴇʀ. — Coupe transversale d'un fragment de tige, possédant un anneau radiculaire assez épais.

(Les bandes vasculaires sont d'un gris foncé dans toute la portion à droite du milieu et d'un gris clair à gauche, les bandes de sclérenchyme sont teintées en gris très foncé.)

Permien : environs d'Autun (Collections du Muséum de Paris).

Fɪɢ. 8 A. — Portion de l'anneau radiculaire du même échantillon, grossie dix-huit fois ; *p*, tissu conjonctif parenchymateux ; *s*, écorce externe sclérenchymateuse d'une racine.

Fɪɢ. 8 B. — Portion de la région centrale du même échantillon, grossie dix-huit fois ; *t*, trachéides constituant une des bandes vasculaires ; *g*, gaîne libérienne ; *s*, bande de sclérenchyme.

Fɪɢ. 9. — **Psaronius infarctus.** Uɴɢᴇʀ, var. *gracilis.* — Coupe transversale d'un fragment de tige réduit à sa région centrale.

(Les bandes vasculaires sont de couleur grise uniforme ; les bandes de sclérenchyme, très claires dans la région centrale et au-dessus du milieu, sont au contraire colorées en noir vers le bas et sur les bords de l'échantillon.)

Permien : environs d'Autun (Coll. du Muséum de Paris).

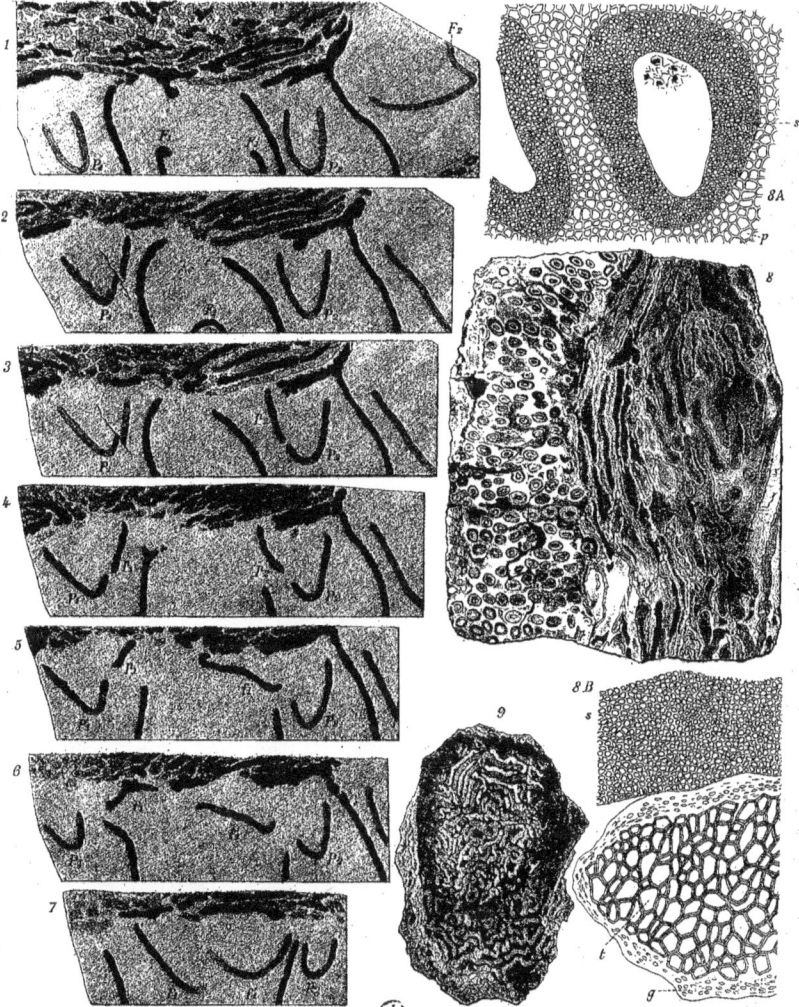

Dessiné d'ap.nat.et lith,par C.Cuisin.   Imp.Lemercier &C.ie,Paris

PLANCHE XVII

PLANCHE XVII

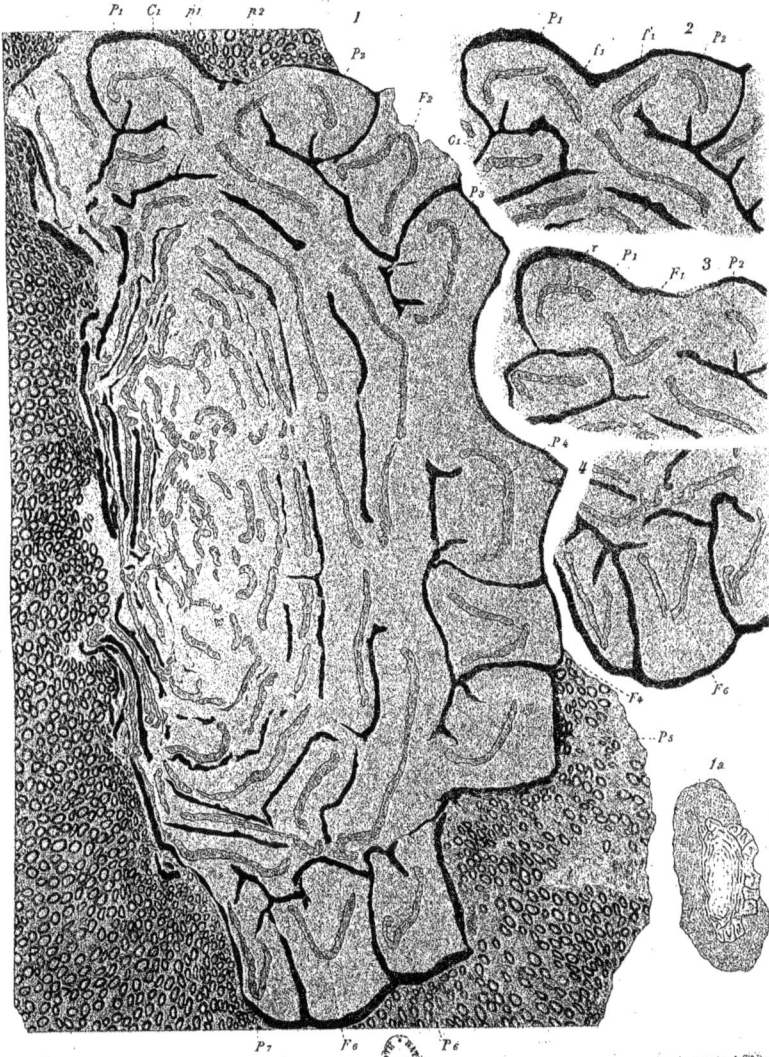

Dessiné d'ap. nat. et lith par C.Cuisin.

imp. Lemercier & Cⁱᵉ Paris.

PLANCHE XVIII

PLANCHE XVIII

EXPLICATION DES FIGURES

Fig. 1. — **Psaronius bibractensis.** Renault. — Vue latérale du fragment de tige représenté en coupe transversale sur la Fig. 1 de la Pl. XVII. Les lettres P_3, P_4, indiquent la place des stèles périphériques, et les lettres F_3, F_4, celle des bandes foliaires; F_3, cicatrice correspondant à la sortie d'une bande foliaire hors du cylindre ligneux.

Fig. 2. — **Psaronius bibractensis.** Renault. — Portion d'une coupe transversale d'un autre fragment de tige.

P_1, P_2, stèles périphériques; F_1, F_2, bandes foliaires.

Permien : Champ de la Justice, près Autun (Collections de l'École supérieure des Mines).

Fig. 3. — Coupe du même fragment faite à 4 centimètres plus haut et montrant la bande F_2 sortie de la gaîne sclérenchymateuse du cylindre ligneux.

Fig. 4. — **Psaronius Landrioti.** n. sp. — Coupe transversale d'un fragment de tige.

P_1 à P_5, stèles périphériques; F_1 à F_4, bandes foliaires; f_5, anastomose entre la stèle périphérique P_5 et les stèles de la région centrale, destinée à constituer la bande foliaire F_5.

Permien : environs d'Autun (Coll. de l'École supérieure des Mines).

Fig. 5. — Coupe partielle du même échantillon faite à 6 ou 7 millimètres au-dessus de la coupe Fig. 4, pour montrer la bande F_5 devenue indépendante de la stèle P_5.

Fig. 6. — Coupe longitudinale partielle du même échantillon faite suivant le plan $\alpha\alpha$ de la Fig. 5.

Fig 7. — Coupe transversale partielle du même échantillon faite à 6 ou 7 millimètres au-dessus de la coupe Fig. 4 et menée jusqu'au plan $\alpha\alpha$.

r, faisceau de racine.

(Sur les figures 2 à 7, les bandes vasculaires sont teintées en gris, et les bandes de sclérenchyme en noir.)

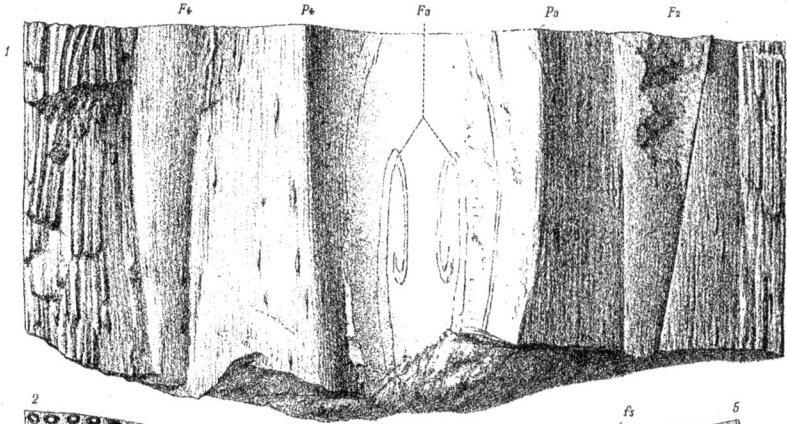

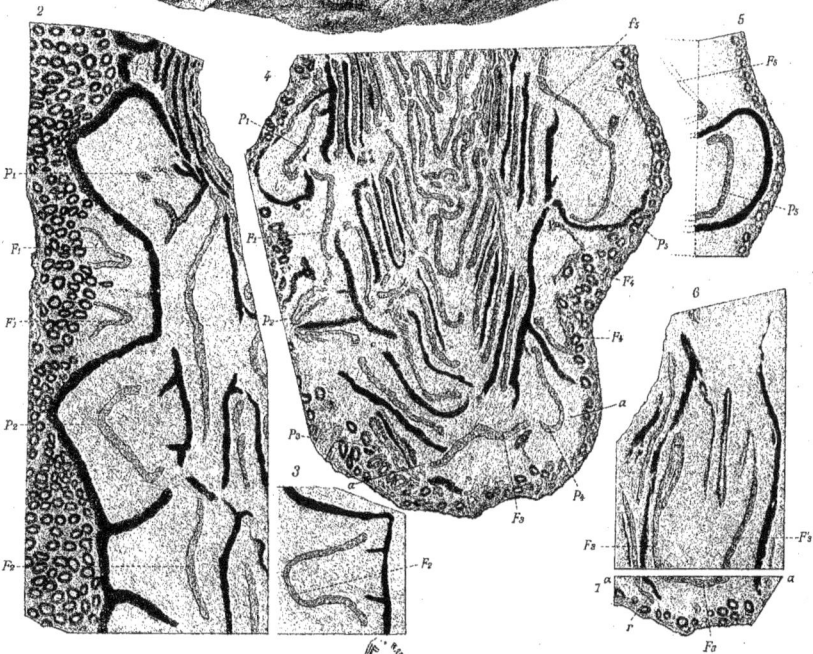

Imp Lemercier & Cie Paris

PLANCHE XIX

PLANCHE XIX

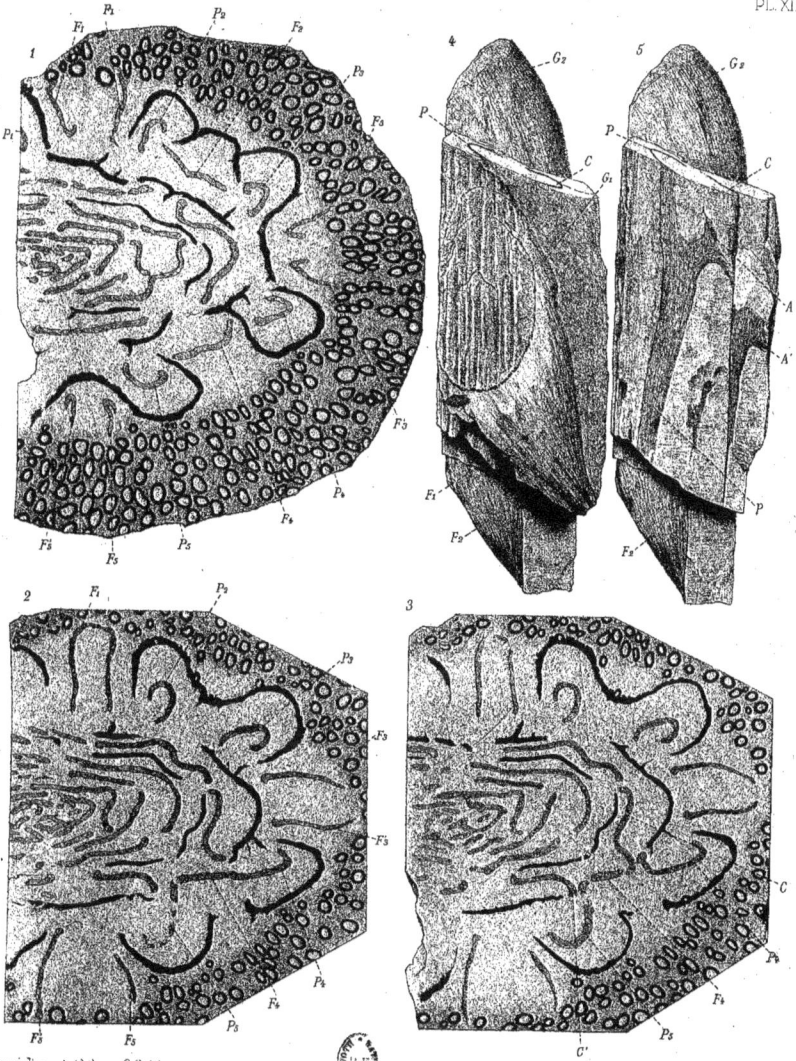

Dessiné d'ap.nat.et.lith.par C.Cuisin.

Imp.Lemercier & Cie Paris

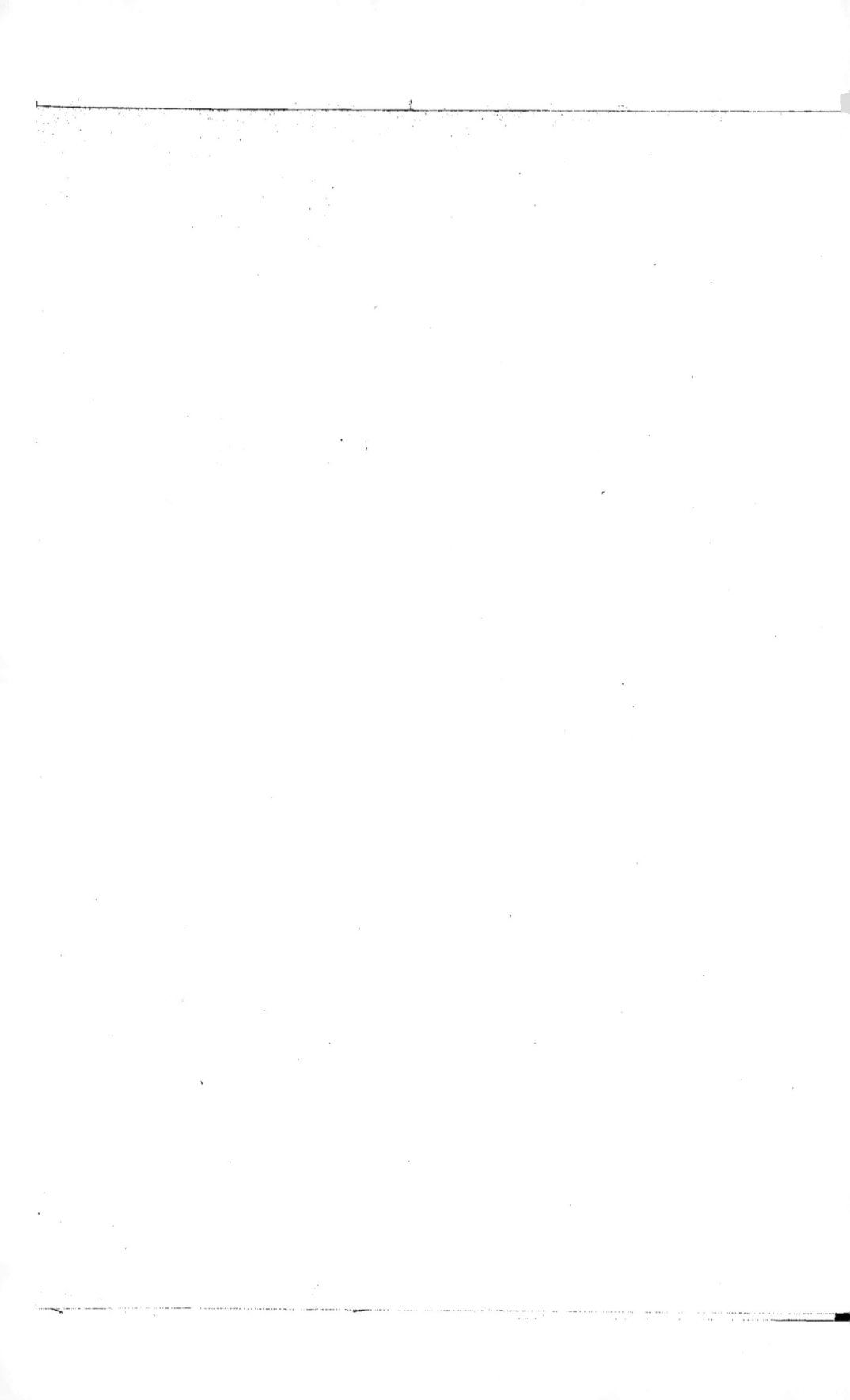

PLANCHE XX

PLANCHE XX

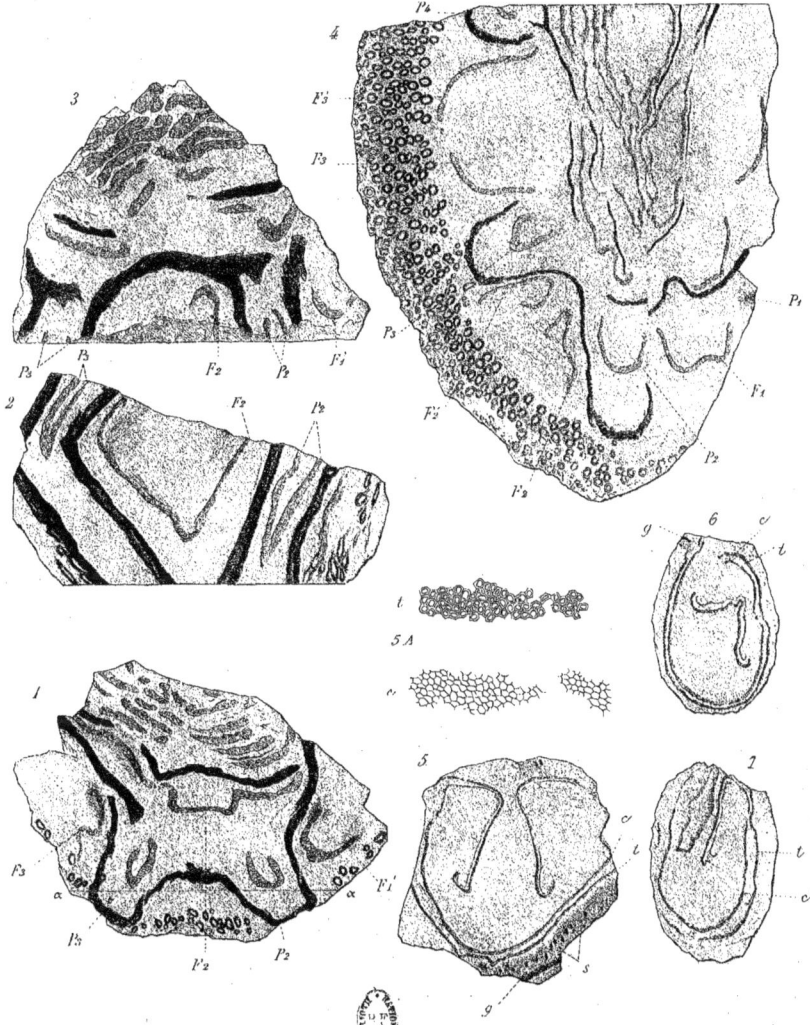

PLANCHE XXI

PLANCHE XXI

EXPLICATION DES FIGURES

Fɪɢ. 1. — **Psaronius brasiliensis**. Bʀᴏɴɢɴɪᴀʀᴛ. — Coupe transversale d'un fragment de tige.

P_1 à P_4, stèles périphériques ; A à E, G, H, bandes libéroligneuses ; F_1, F_2, bandes foliaires; o, taches paraissant correspondre à des trous percés dans le tissu conjonctif.

(Les bandes vasculaires sont teintées en gris, et les bandes de sclérenchyme en noir.)

Permien ? Brésil (Collections du Muséum de Paris).

Fɪɢ. 1 a. — La même coupe, vue dans son entier, réduite à $1/5^e$ de la grandeur naturelle.

Fɪɢ. 1 A. — Portion de l'anneau radiculaire du même échantillon, grossie dix-huit fois.

V, axes ligneux des racines ; p, tissu parenchymateux de l'écorce interne ; m, canaux gommeux ; s, écorce externe sclérenchymateuse ; i, interruptions de cette écorce ; p', tissu conjonctif parenchymateux de l'anneau radiculaire.

Fɪɢ. 1 B. — Portion du bord du cylindre ligneux du même échantillon, grossie dix-huit fois.

S, gaîne sclérenchymateuse; p, tissu conjonctif parenchymateux du cylindre ligneux ; t, trachéides de la stèle périphérique ; g, gaîne libérienne.

PL.XXI.

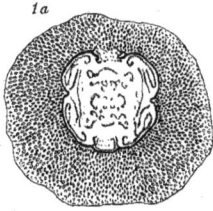

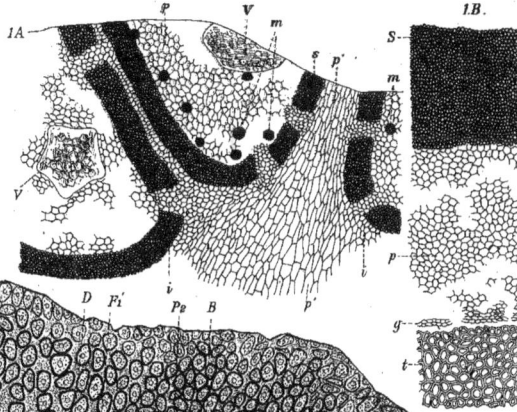

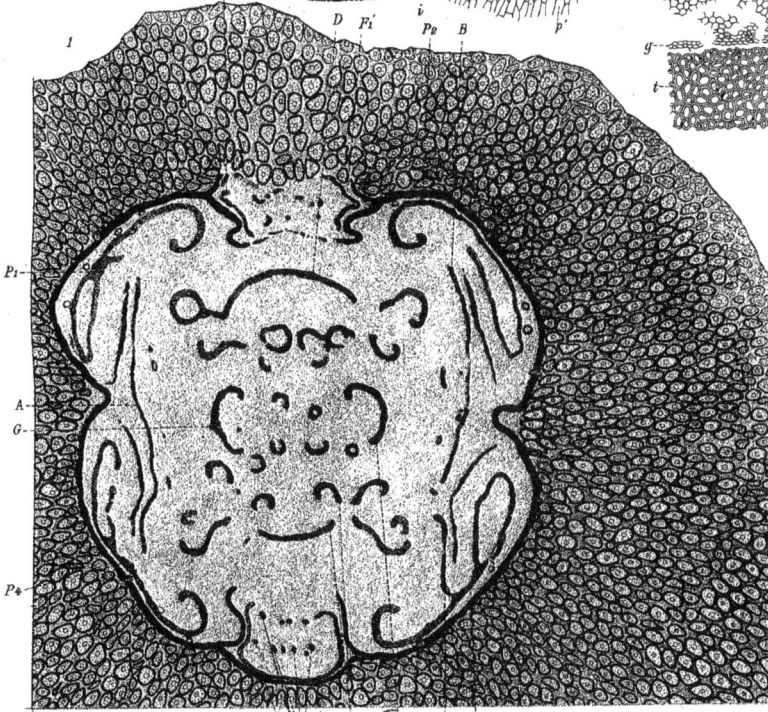

PLANCHE XXII

PLANCHE XXII

EXPLICATION DES FIGURES

Fɪɢ. 1. — **Psaronius Brongniarti**. n. sp. — Coupe transversale d'un fragment de tige.
Permien : environs d'Autun (Collections du Muséum de Paris).

Fɪɢ. 2. — Coupe transversale du même échantillon, faite à 0ᵐ,06 de distance de la coupe
de la Fig 1.
F, bande foliaire.

Fɪɢ. 3. — Coupe longitudinale partielle du même échantillon, faite suivant le plan β de
la Fig. 2.
a, *b*, portions de la gaîne sclérenchymateuse du cylindre ligneux, dési-
gnées sur la Fig. 2 par les mêmes lettres; *t*, bande vasculaire.

Fɪɢ. 4. — Coupe longitudinale du même échantillon, faite suivant le plan α α de la
Fig. 2.
c, *d*, gaîne sclérenchymateuse du cylindre ligneux.

(Sur toutes ces figures, les bandes vasculaires sont teintées en gris, et les
bandes de sclérenchyme en noir.)

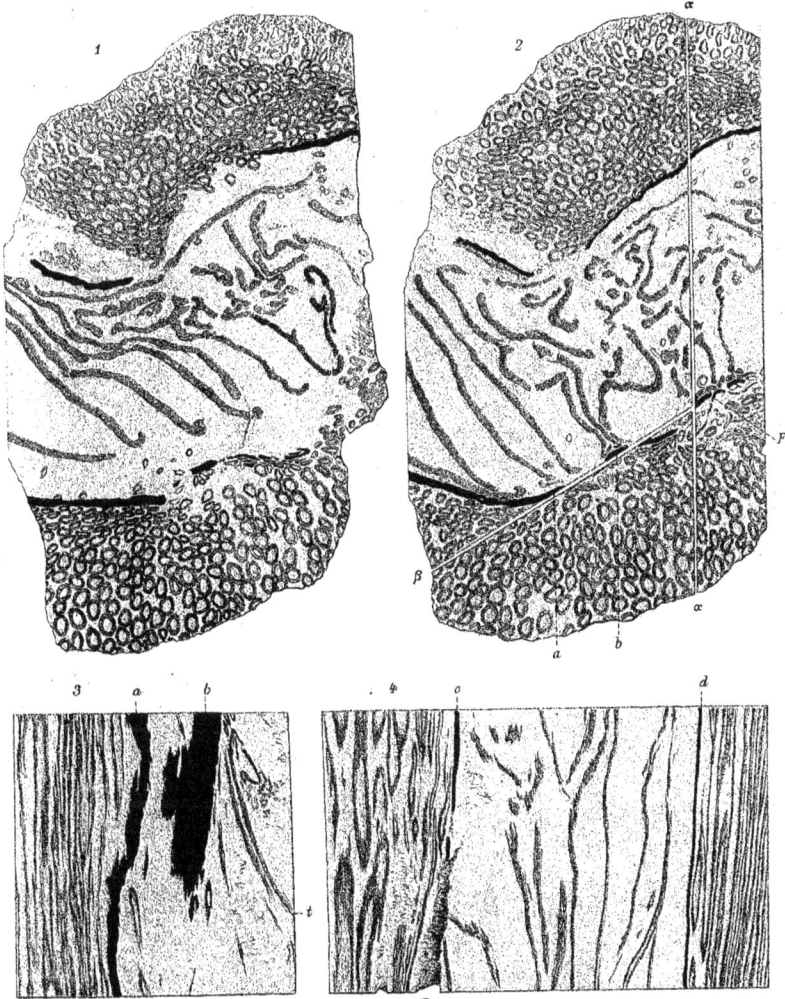

Dessiné d'ap.nat.st.lith.par C.Cuisii

Imp.Lemercier &Cie.Paris

PLANCHE XXIII

PLANCHE XXIII

EXPLICATION DES FIGURES

Fig. 1. — **Psaronius Levyi.** n. sp. — Coupe transversale d'un fragment de tige.
P_1, P_2, stèles périphériques ; F_1, F_2, bandes foliaires ; r, r', origines de racines.
Permien : environs d'Autun (Collections du Muséum de Paris).

Fig. 1 A. — Portion de la stèle périphérique P_2, grossie dix-huit fois, avec le groupe de trachéides r se portant vers une racine.

Fig. 1 B. — Portion de la bande foliaire F_2, grossie dix-huit fois.

Fig. 1 C. — Portion de la gaine sclérenchymateuse avec une racine la traversant, grossie dix-huit fois.
p, tissu conjonctif de l'anneau radiculaire ; t, pointes des faisceaux ligneux de la racine.

Fig. 2. — **Psaronius coalescens.** n. sp. — Coupe transversale d'un fragment de tige.
Permien : environs d'Autun (Coll. du Muséum de Paris).

Fig. 2 A. — Portion du même échantillon, grossie dix-huit fois, montrant une des stèles t, et des restes du tissu conjonctif p du cylindre ligneux.

Fig. 3. — **Psaronius coalescens.** n. sp. — Coupe transversale d'un fragment de tige.
Permien : environs d'Autun (Coll. du Muséum de Paris).

Fig. 3 A. — Portion du même échantillon, grossie dix-huit fois.
t, trachéides constituant une des stèles ; s, bande de sclérenchyme.

(Sur les figures 1, 2 et 3, les bandes vasculaires sont teintées en gris, et les bandes de sclérenchyme en noir.)

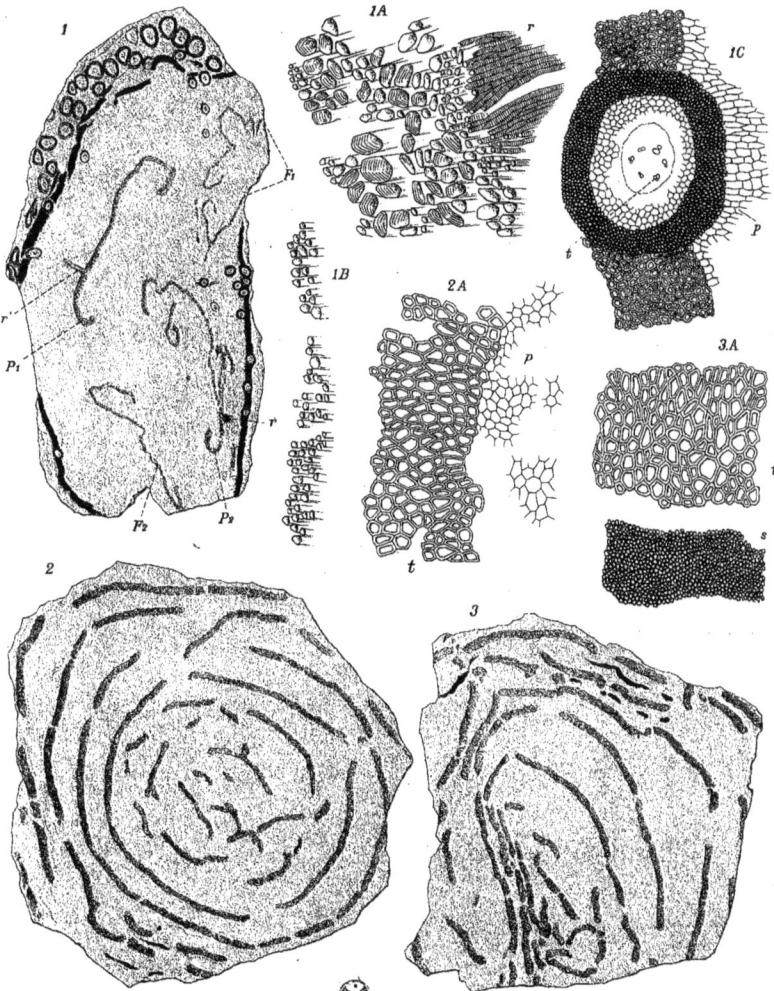

Dessiné d'ap.nat.etlith.par C.Cuisin

Imp.Lemercier &C.ᵢᵉ,Paris

PLANCHE XXIV

PLANCHE XXIV

EXPLICATION DES FIGURES

Fig. 1. — **Psaronius Demolei.** Renault. — Coupe transversale d'un fragment de tige dépouillé sur la moitié de son pourtour de son enveloppe radiculaire.
P_1 à P_5, stèles périphériques; F_1 à F_4, bandes foliaires.
Permien : environs d'Autun (Collections du Muséum de Paris).

Fig. 1 A. — Portion d'une des stèles périphériques du même échantillon, formée de trachéides rayées t et de tissu cellulaire c, grossie dix-huit fois.

Fig. 1 B. — Portion du même échantillon, prise à la limite du cylindre ligneux, grossie dix-huit fois.
S, gaine sclérenchymateuse ; p, tissu conjonctif parenchymateux du cylindre ligneux ; p', tissu conjonctif parenchymateux de l'anneau radiculaire ; V, axes ligneux des racines.

Fig. 1 C. — Portion de l'anneau radiculaire du même échantillon, grossie dix-huit fois.
s, écorce externe sclérenchymateuse d'une racine ; p, parenchyme de l'écorce interne ; l, lacunes ; p', tissu conjonctif de l'anneau radiculaire.

Fig. 2. — Coupe transversale du même fragment de tige, faite trois centimètres plus bas que la coupe Fig. 1.
f_2, anastomose de deux stèles du pourtour de la région centrale, préparant la formation de la bande foliaire F_2 ; q, taches annulaires de silice concrétionnée.

Fig. 3. — **Psaronius Demolei.** Renault. — Coupe transversale d'un fragment appartenant peut-être à la région inférieure de la même tige dont le fragment Fig. 1, 2, représenterait un tronçon plus élevé (Échantillon type de M. Renault).
Permien : environs d'Autun (Coll. du Muséum de Paris).

(Sur les figures 1, 2 et 3, les bandes vasculaires sont teintées en gris, et les bandes de sclérenchyme en gris foncé ou en noir.)

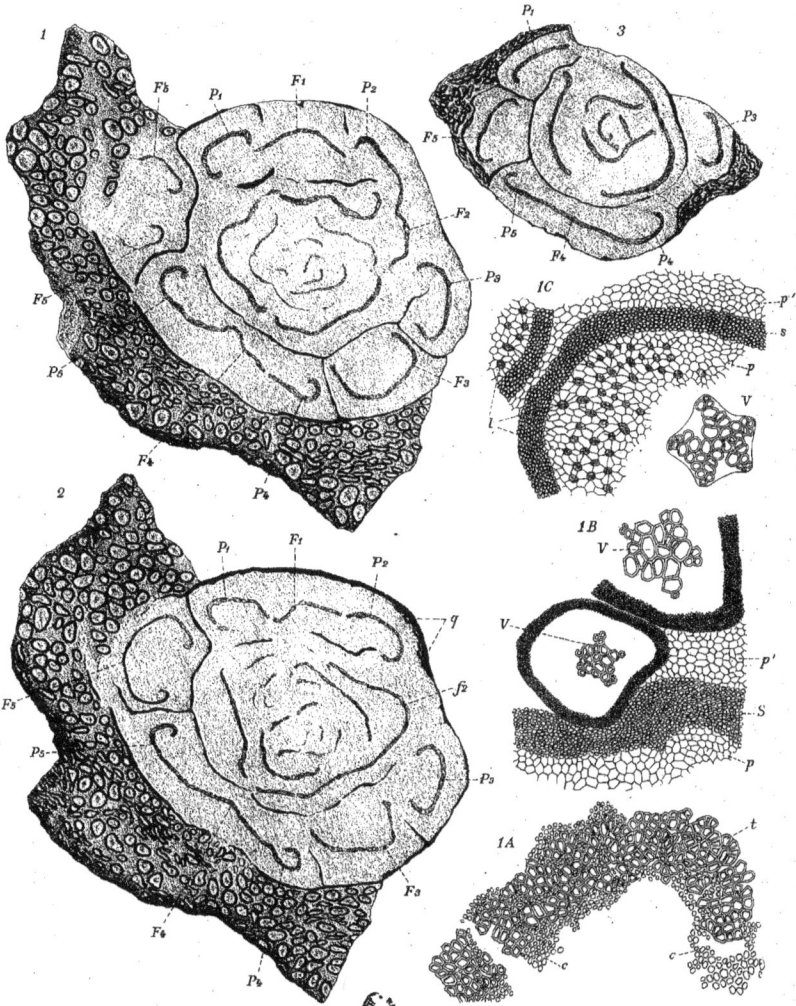

PLANCHE XXV

PLANCHE XXV

EXPLICATION DES FIGURES

F$_{IG}$. 1. **Psaronius espargeollensis.** Renault. — Coupe transversale d'un fragment de tige.

P$_1$, P$_2$, stèles périphériques; F$_1$, bande foliaire.

Permien : Champ des Espargeolles, près Autun (Collections du Muséum de Paris).

F$_{IG}$. 2. — **Psaronius espargeollensis.** Renault. — Coupe transversale d'un autre fragment de la même tige, ne montrant, du cylindre ligneux, qu'une partie de la gaîne et une portion d'une stèle périphérique P (Coll. du Muséum de Paris).

F$_{IG}$. 2 A. — Coupe du cylindre central d'une racine du même échantillon, grossie dix-huit fois.

V, faisceaux ligneux; L, faisceaux libériens.

F$_{IG}$. 3. — **Psaronius espargeollensis.** Renault. — Coupe transversale d'un fragment d'anneau radiculaire de la même tige (Coll. du Muséum de Paris).

F$_{IG}$. 3 A. — Coupe d'une racine du même échantillon, grossie dix-huit fois.

V, faisceaux ligneux ; p, parenchyme de l'écorce interne ; l, lacunes ; s, écorce externe sclérenchymateuse.

F$_{IG}$. 3 B. — Coupe d'une portion d'une autre racine du même échantillon, grossie dix-huit fois.

F$_{IG}$. 4. — **Psaronius espargeollensis.** Renault. — Coupe transversale d'un autre fragment de la même tige (Coll. de l'École supérieure des Mines).

S, gaîne sclérenchymateuse du cylindre ligneux; P, stèle périphérique ; F, bande foliaire.

F$_{IG}$. 5. — Coupe longitudinale du même fragment suivant le plan α α de la Fig. 4.

r, origine d'une racine.

(Sur ces figures, les bandes vasculaires sont teintées en gris, et les bandes de sclérenchyme en noir.)

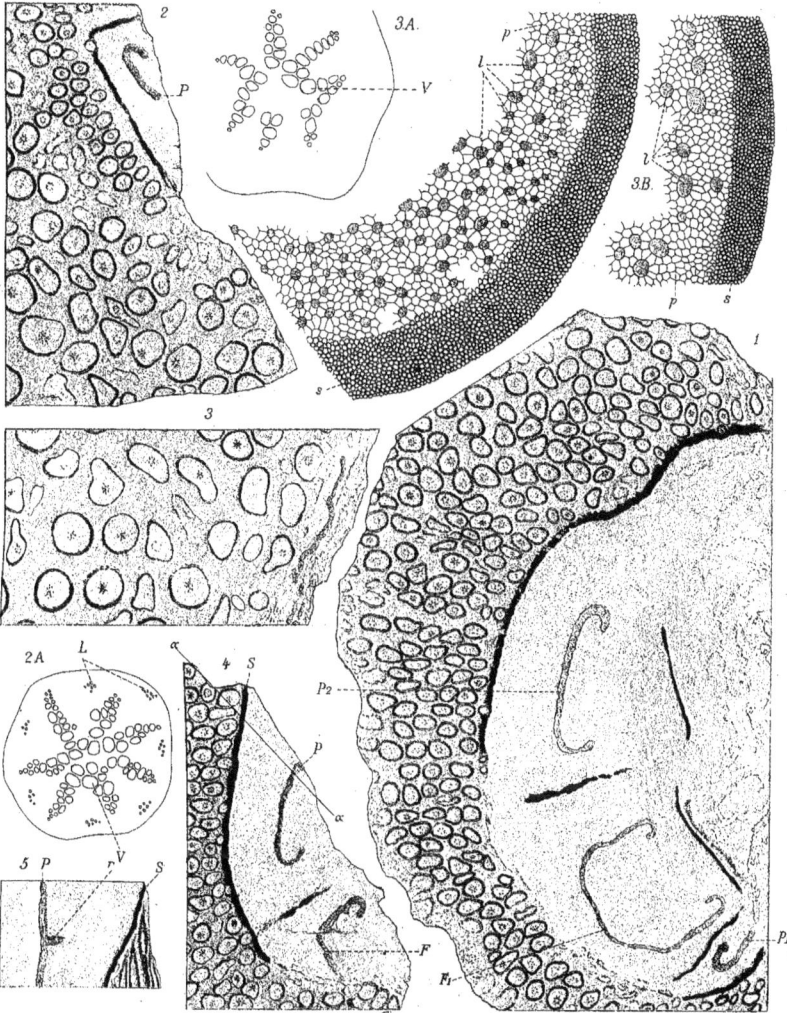

PLANCHE XXVI

PLANCHE XXVI

EXPLICATION DES FIGURES

Fig. 1. **Psaronius asterolithus.** Cotta. — Coupe transversale d'un fragment de l'anneau radiculaire.

> Permien : environs d'Autun (Collections du Muséum de Paris).

Fig. 1 A. — Portion d'une racine du même échantillon, grossie dix-huit fois.

> *s*, écorce externe sclérenchymateuse; *p*, parenchyme de l'écorce interne; *l*, lacunes.

Fig. 1 B. — Région centrale d'une racine du même échantillon, grossie dix-huit fois.

> V, faisceaux ligneux.

Fig. 1 C. — Axe ligneux d'une racine du même échantillon, grossi dix-huit fois.

Fig. 2. — **Psaronius asterolithus.** Cotta. — Coupe transversale d'un fragment de l'anneau radiculaire.

> Permien ; environs d'Autun (Coll. du Muséum de Paris).

Fig. 2 A. — Portion d'une racine du même échantillon, grossie dix-huit fois.

> *s*, écorce externe sclérenchymateuse ; *p*, parenchyme de l'écorce interne ; *l*, lacunes.

Fig. 3. — **Psaronius augustodunensis.** Unger. — Coupe transversale d'un fragment de l'anneau radiculaire.

> Permien : environs d'Autun (Coll. de l'École supérieure des Mines).

Fig. 3 A. — Portion d'une racine du même échantillon, grossie dix-huit fois.

> V, faisceaux ligneux ; *p*, parenchyme de l'écorce interne ; *l*, lacunes; *s*, écorce externe.

Fig. 3 B. — Portion d'une autre racine du même échantillon, grossie dix-huit fois.

Fig. 3 C. — Portion d'une autre racine du même échantillon, grossie dix-huit fois.

> s_1, zone interne sclérenchymateuse de l'écorce externe; s_2, zone externe, probablement parenchymateuse.

Fig. 3 D. — Portion d'une autre racine du même échantillon, grossie dix-huit fois.

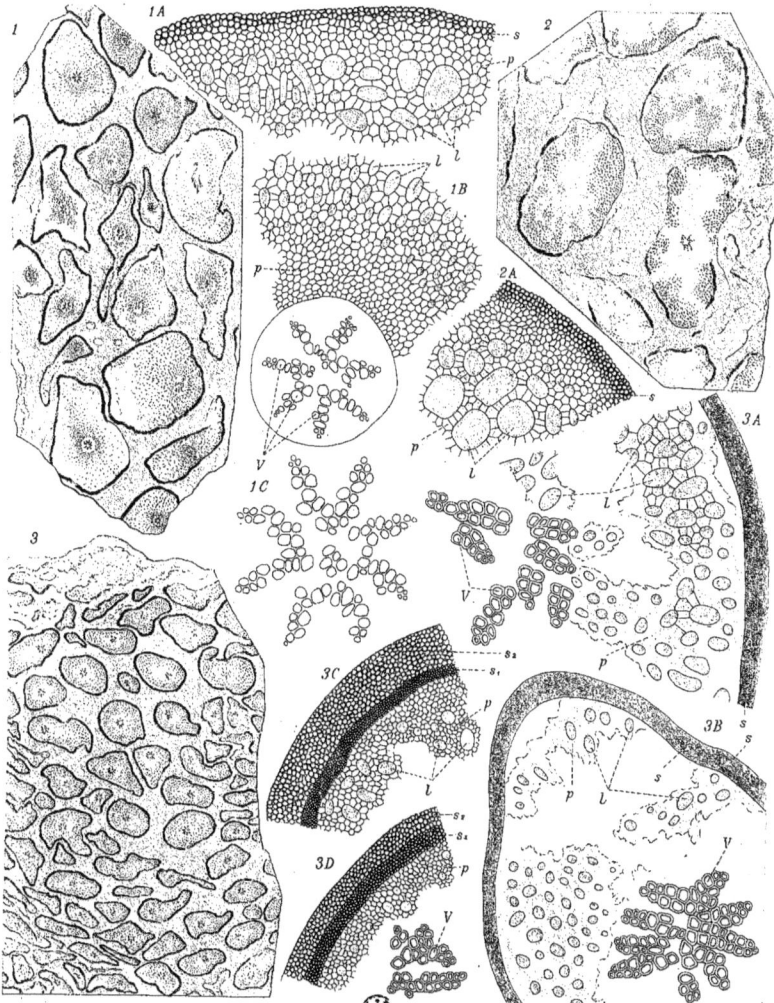

Imp.Lemercier &C.ᵉ,Paris.

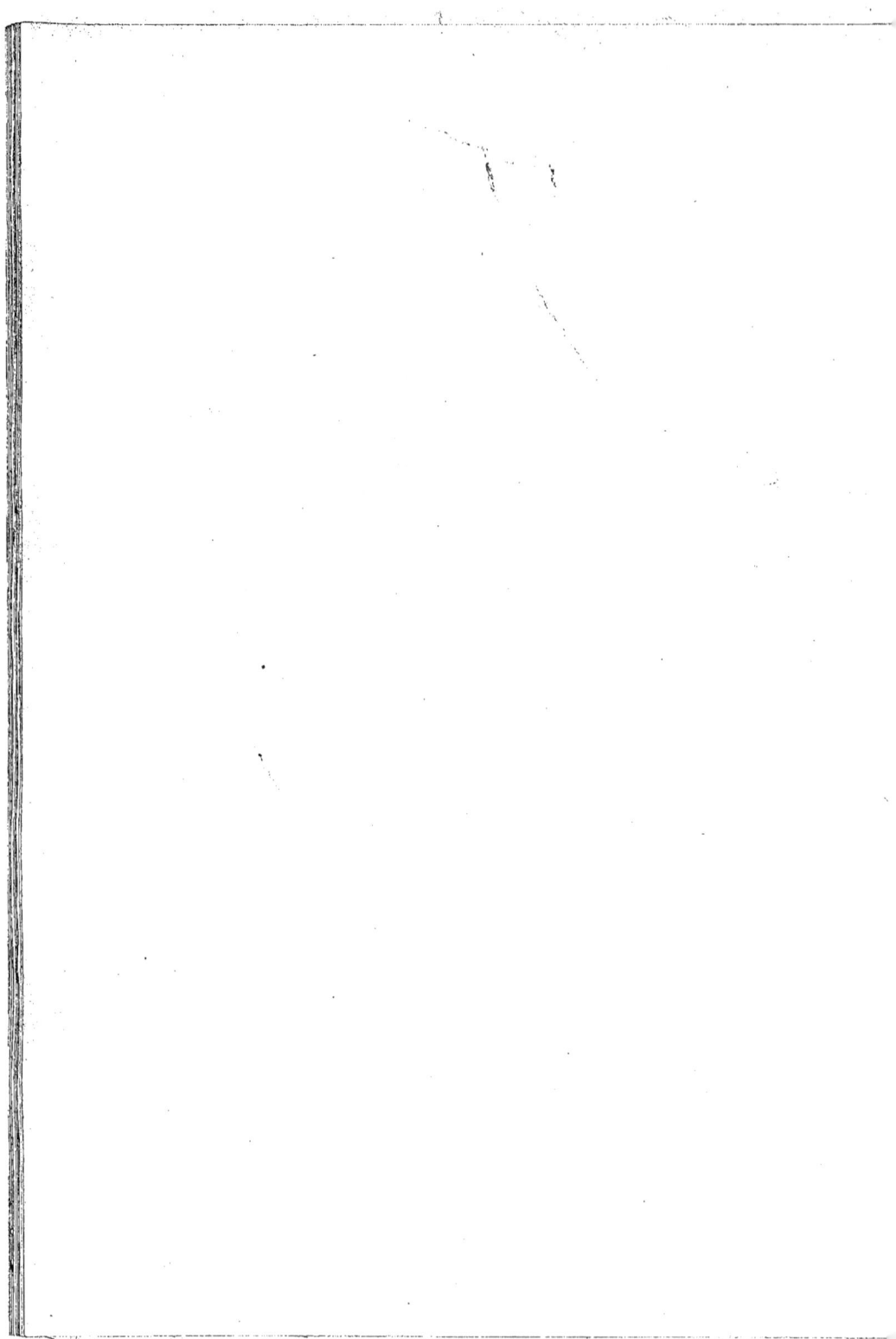

PLANCHE XXVII

PLANCHE XXVII

EXPLICATION DES FIGURES

Fig. 1. — **Myeloxylon radiatum.** Renault (sp.). — Coupe transversale d'un tronçon de pétiole.

      Permien: environs d'Autun (Collections du Muséum de Paris).

Fig. 1 A. — Portion du même échantillon, grossie huit fois.

      V, cordons ligneux; S, faisceaux de sclérenchyme; m, canaux gommeux; p, parenchyme conjonctif.

Fig. 1 B. — Portion de la zone périphérique, grossie dix-huit fois.

Fig. 1 C. — Portion plus éloignée de la périphérie, comprenant un cordon ligneux et un faisceau de sclérenchyme avec un tube gommeux, grossie dix-huit fois.

Fig. 1 D. — Coupe d'un cordon libéroligneux, grossie dix-huit fois.

      i, débris de la gaîne.

Fig. 2. — **Myeloxylon Landrioti.** Renault (sp.). — Coupe transversale d'un fragment de pétiole passant au-dessous d'une bifurcation et comprenant sur son bord externe, à gauche et en haut, une partie des éléments du rameau qui va se détacher.

      Permien: environs d'Autun (Coll. de l'École supérieure des Mines).

Fig. 2 A. — Portion du bord gauche du même échantillon, grossie huit fois, et montrant, de part et d'autre de la zone des faisceaux de sclérenchyme, les cordons libéroligneux symétriquement orientés.

      V, cordons ligneux; S, faisceaux de sclérenchyme; m, canaux gommeux; p, parenchyme conjonctif.

Fig. 2 B. — Coupe d'un faisceau de sclérenchyme, grossie dix-huit fois.

Fig. 2 C. — Coupe d'un cordon libéroligneux, grossie dix-huit fois.

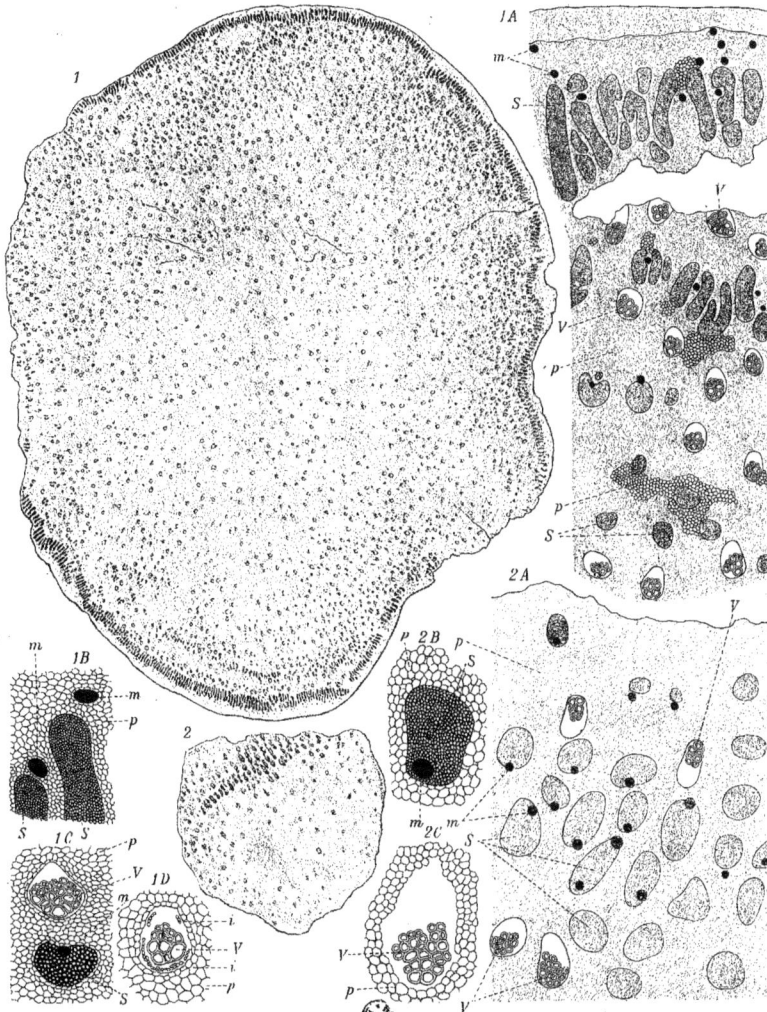

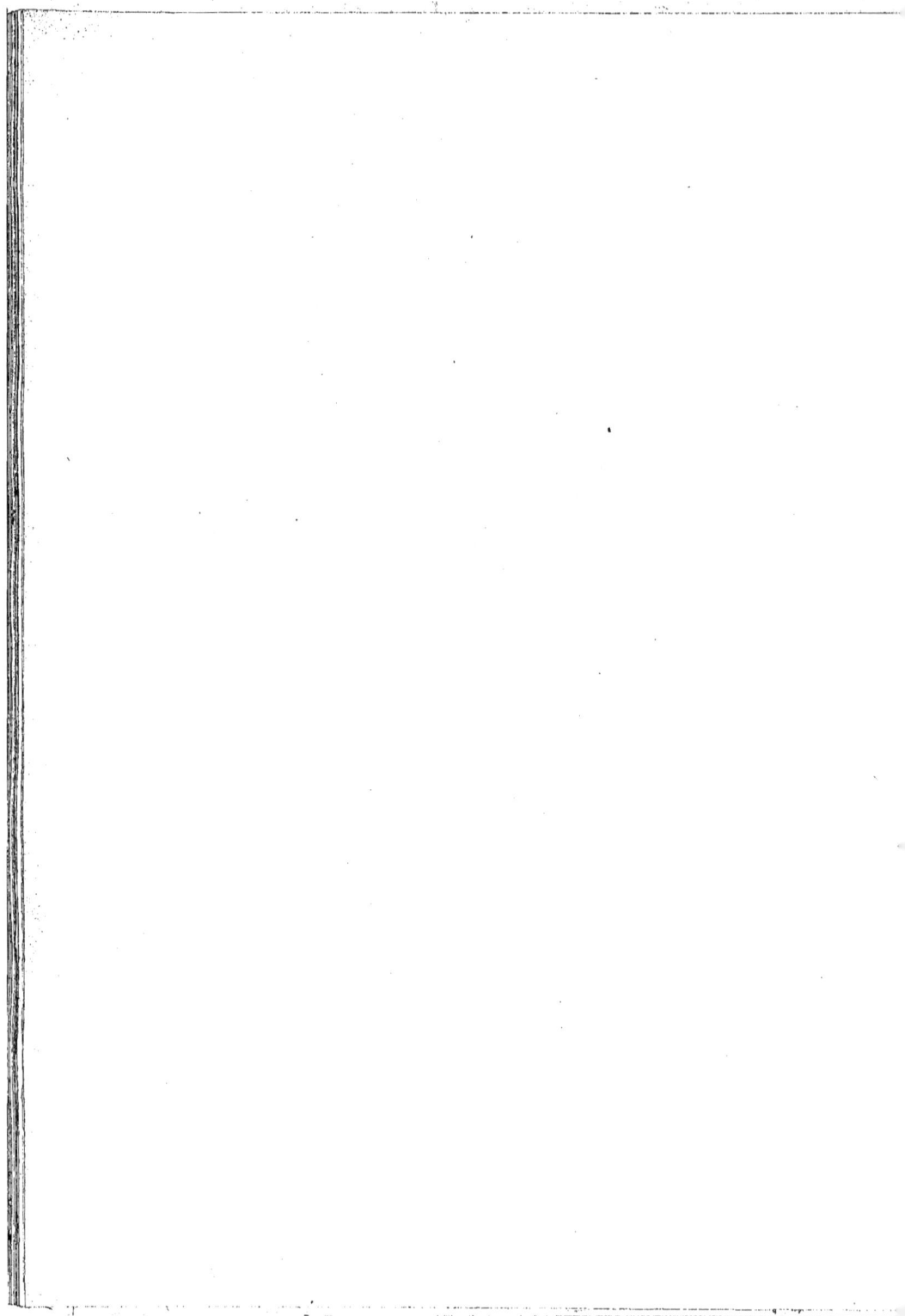

www.ingramcontent.com/pod-product-compliance
Lightning Source LLC
Chambersburg PA
CBHW071209200326
41519CB00018B/5447